LA PHOSPHORESCENCE DE LA MER SUR LA COTE D'OSTENDE.

PAR

LE DOCTEUR VERHAEGHE,

Membre de l'Académie royale de médecine de Belgique,
Médecin aux bains de mer d'Ostende, Chirurgien de l'hôpital civil de la même ville,
Membre correspondant de la Société de chirurgie de Paris,
des Sociétés médico-chirurgicales de Bruxelles, Aix-la-Chapelle, Bonn, Berlin,
Berne, Edimbourg, Lille, Lyon, Bruges, Gand, etc., etc.

EXTRAIT DES MÉMOIRES DE L'ACADÉMIE ROYALE DE BELGIQUE.

Seconde édition.

KIESSLING & Cie.

BRUXELLES, 26, Montagne de la Cour, 26.

OSTENDE, 1ère rue des Capucins près la Grand'Place.

1855

LA

PHOSPHORESCENCE

DE LA MER.

BRUXELLES. — TYP. DE J. VANBUGGENHOUDT,
Rue de Schaerbeek, 12.

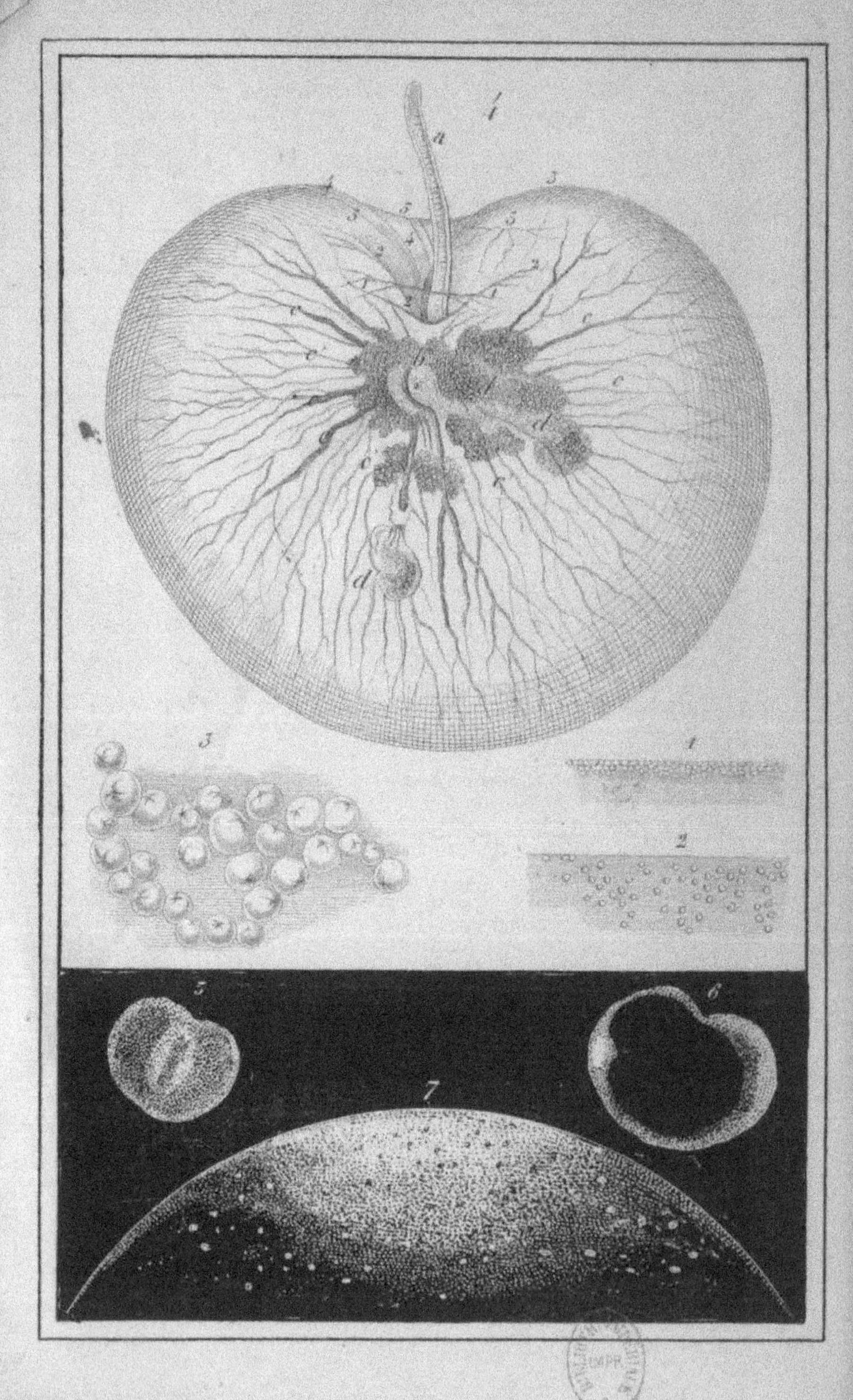
1
a
b
c
d
3
1
2
5
6
7

LA

PHOSPHORESCENCE

DE LA MER

SUR LA COTE D'OSTENDE,

PAR

LE DOCTEUR VERHAEGHE,

Membre de l'Académie royale de médecine de Belgique,
Médecin aux bains de mer d'Ostende, Chirurgien de l'hôpital civil de la même ville,
Membre correspondant de la Société de chirurgie de Paris,
des Sociétés médico-chirurgicales de Bruxelles, Aix-la-Chapelle, Bonn, Berlin,
Berne, Edimbourg, Lille, Lyon, Bruges, Gand, etc., etc.

EXTRAIT DES MÉMOIRES DE L'ACADÉMIE ROYALE DE BELGIQUE.

Seconde édition.

KIESSLING & Cie,

BRUXELLES, 26, Montagne de la Cour, 26.

OSTENDE, 1 bis rue des Capucins près la Grand'Place.

1853

Depuis la première édition de cette brochure, nous avons continué nos recherches et nos expériences, qui ont encore confirmé les observations consignées dans ce travail. Nous n'avons donc presque rien à y changer. Cependant, nous avons revu avec soin l'ensemble du texte.

et nous y avons ajouté un paragraphe concernant l'origine même de la lumière produite par les noctiluques, et trois figures empruntées à M. de Quatrefages, qui, dans les *Annales des sciences naturelles*, 3e série, *Zoologie*, t. XIV, p. 5, a bien voulu parler de nous en ces termes :

« M. Verhaeghe a présenté à l'Académie « royale de Bruxelles un Mémoire fort « étendu qui a fait le sujet d'un rapport « de M. Van Beneden. Dans ce travail, « l'auteur, qui ne connaissait pas les re- « cherches de Rigaud et de Suriray (1), « a cherché à reconnaître les causes de « la phosphorescence du port d'Ostende ; « il a pleinement confirmé par ses expé- « riences les observations de ses devan- « ciers et les conclusions auxquelles ils « étaient arrivés. Il a reconnu que les

(1) M. de Quatrefages se trompe : nous avons parlé de Suriray pages 6 et 21 de la première édition.

« noctiluques à peu près seules jouaient « un rôle dans ce phénomène. Des ta- » bleaux, dressés par lui avec une grande « persévérance, il résulte que le *maxi- « mum* de phosphorescence se montre « d'ordinaire vers la fin de l'été, mais « que la production de lumière n'est pas, « à beaucoup près, autant qu'on le croit » généralement, sous l'influence de la « température atmosphérique. C'est ainsi « que M. Verhaeghe a vu la mer très- « brillante, un jour que l'air et l'eau « marquaient seulement 6° R., etc. »

Aujourd'hui, d'ailleurs, il ne peut plus y avoir de doute sur les causes de la phosphorescence marine, et les savants s'accordent à reconnaître qu'elle est produite dans la mer du Nord par l'animalcule lumineux décrit dans cette notice. Nous nous félicitons d'avoir contribué pour notre part à l'exploration de ce curieux phénomène, et nous persévérerons à étudier encore les quelques détails qui restent à spécifier pour une explication complète et irréfutable.

LA PHOSPHORESCENCE DE LA MER SUR LA COTE D'OSTENDE.

I

L'illumination des eaux de la mer dans l'obscurité, phénomène généralement connu sous le nom de *phosphorescence*, réclame de nouvelles études. Tour à tour, les naturalistes ont émis, à ce sujet, une foule d'hypothèses plus ou moins bizarres. Nous n'avons ni l'intention ni le loisir d'entrer dans de longs détails historiques. Il suffira de mentionner succinctement les opinions que nous avons recueillies. On verra quelle était l'incertitude et la difficulté de ce genre de recherches, la nécessité d'employer et surtout de continuer longtemps des moyens d'observation plus précis, pour résoudre la question d'une manière satisfaisante, en harmonie avec les progrès de la science.

1.

Les anciens, qui faisaient intervenir leurs divinités dans tous les effets naturels qu'ils ne pouvaient expliquer, attribuaient la lumière de la mer à Castor et Pollux. Pline connaissait ce phénomène et savait qu'en frottant des méduses contre du bois on obtient une lumière plus ou moins vive. Il connaissait aussi la Pholade lumineuse, mais il ne paraît point avoir eu l'idée que le surprenant effet de la phosphorescence marine pût être produit par un acte vital de quelques animaux inférieurs. C'est seulement à dater du XVIIe siècle qu'on commença à s'occuper sérieusement de cette question. Robert Boyle, philosophe distingué de cette époque, est le premier qui ait cherché à l'expliquer. Il crut que le mouvement de rotation du globe terrestre produisait, à la surface, entre la masse des eaux et l'air atmosphérique une espèce de frottement, d'où résultait un dégagement de calorique et de lumière (1). Mayer attribuait ce phénomène à la propriété qu'aurait eue la mer d'absorber pendant le jour la lumière solaire, pour la dégager ensuite la nuit, à peu près comme le phosphore de Boulogne (2); opinion qui déjà avait été émise, en 1686, par le missionnaire Tachard.

Lorsque, après la découverte de l'électricité, on eut expliqué, au moyen de ce fluide, plusieurs phénomènes météorologiques, tels que les éclairs,

(1) *Rob. Boyle's works*, tom. III, p. 91.

(2) *Encyclopédie méthodique*, partie de la physique, tom. III, art. Lumière.

le feu Saint-Elme, etc., on imagina de faire servir la même explication à la phosphorescence de la mer; et, en effet, la ressemblance qui existe entre les lueurs répandues à la surface des eaux et celles produites par les décharges électriques, puis aussi la coïncidence assez fréquente, au moins dans les régions tempérées, d'une belle phosphorescence marine avec un temps orageux, semblaient donner quelque fondement à cette théorie. Forster, dans son premier voyage avec Cook, ayant remarqué cette lumière tout autour du navire, crut qu'elle dépendait d'une certaine quantité de fluide électrique, développée par le frottement des molécules salines de l'eau contre le métal dont le navire était recouvert (1). Bajon, Legentil et Fougeroux, physiciens du siècle dernier, partagèrent cet avis, et plus tard, lorsqu'on eut soupçonné l'existence d'une électricité particulière à la mer, on ne manqua pas d'attribuer à ce fluide une large part dans la production du phénomène (2). D'autres firent jouer un rôle aux molécules salines entre elles, croyant toutefois que le fluide électrique n'y restait pas étranger (3); enfin, quelques-uns pensèrent que la phosphorescence pouvait tenir aux molécules d'hydrochlorate de chaux, que la mer contient (4).

Après la découverte du phosphore, beaucoup de

(1) Forster, *Bemerkungen auf einer Reise um die Welt*. 1783.
(2) Bernoulli, *Ueber das Leuchten des Meeres*. Göttingen, 1805.
(3) Leroy, *Mémoire des savants étrangers*, tom. III, p. 143.
(4) Alibert, *Précis des eaux minérales*.

naturalistes crurent à une cause chimique. Dans cette théorie, on prétendait que la lumière de la mer dépendait de la décomposition ou fermentation putride des débris d'animaux marins, ou de la matière organique muqueuse, qui existe en assez grande quantité dans la mer, et dont le produit, espèce de substance huileuse phosphorée, viendrait brûler, chimiquement parlant, au contact de l'air, à la surface de l'eau, en donnant lieu à ces belles lueurs (1). Cette explication offre, en effet, quelque chose de séduisant, et, de nos jours, il se trouve encore des naturalistes qui, trompés par l'apparence de fondement d'une expérience dont il sera question plus loin, ne voient dans la phosphorescence de la mer pas d'autre cause que celle-là.

Au milieu du conflit de toutes ces hypothèses, Vianelli (2) et Grisellini (3) avaient découvert, en nombre considérable, dans la mer Adriatique, un animalcule possédant évidemment la propriété de luire dans l'obscurité. Ils n'hésitèrent pas à le considérer comme la cause véritable de la phosphorescence, et rejetèrent toute autre explication. Cet animalcule fut étudié par Linné, qui lui donna le nom de *Nereis noctiluca marina* (4).

Lorsqu'une fois l'existence, dans la mer, d'animaux phosphoriques fut bien établie, tous les es-

(1) Canton, *Philosophical Transactions*, tom. LIX, année 1769.

(2) Vianelli, *Nuovo scoperte intorno le luci notturne dell' aqua marina*. Venezia, 1749.

(3) Grisellini, *Observations sur la Scolopendre luisante*. Venise, 1750.

(4) Linnæus, *Systema naturæ*.

prits se dirigèrent vers l'étude de ces êtres curieux dont on découvrit successivement un grand nombre. En 1776, Spallanzani donna le résultat d'expériences ingénieuses sur la propriété phosphorique d'une Méduse de la Méditerranée, la *Pellagia phosphorea* (1), et, au commencement de ce siècle, Viviani en fit connaître quatorze espèces nouvelles, toutes trouvées dans les parages de Gènes (2).

Vers la même époque, des navigateurs anglais, entre autres Scoresby et Riville, en signalèrent d'autres dans l'Océan ; Macarthney fit connaître la *Medusa scintillans*, la *Medusa lucida* et le *Beroë fulgens*, sur les côtes d'Angleterre (3) ; et les naturalistes français, Péron et Lesueur, augmentèrent aussi la liste de ces animaux (4). En 1810, M. Suriray démontra que, dans la Manche, au Havre, la phosphorescence de la mer est produite par un petit zoophyte presque microscopique, auquel il donna le nom de *Noctiluca miliaris* (5); et, en 1830, Michaëlis s'étant occupé du même phéno-

(1) Spallanzani, *Opuscula di fisica, animali, etc.*

(2) Viviani, *Phosphorescentia maris quatuordecim lucentium animalculorum illustrata*. Genua, 1805. Ces animalcules sont : L'*Asterias noctiluca*, le *Cyclops exiliens*, le *Gammarus caudisetus*, le *Gamm. longicornis*, le *Gamm. truncatus*, le *Gamm. circinatus*, le *Gamm. heteroclitus*, le *Gamm. crassimanus*, le *Nereis cyrrhigera* ou *noctiluca*, le *Nereis mucronata*, le *Nereis radiata*, le *Lumbricus hirticauda*, le *Lumbricus simplicissimus*, le *Planaria retusa*, le *Brachiurus quadruplex* et le *Spirographis Spallanzanii*.

(3) *Philosophical Transactions*, 1810, pag. 258.

(4) Péron et Lesueur, *Voyage aux terres australes*.

(5) Suriray, *Recherches sur la cause ordinaire de la phosphorescence marine*, *Magasin de zoologie* de Guérin, 1836.

mène sur les bords de la Baltique, reconnut qu'il y est dû à plusieurs infusoires lumineux, que le célèbre micrographe Ehrenberg a figurés dans son grand ouvrage (1).

Le professeur de Berlin que nous venons de nommer a présenté, en outre, à l'Académie des sciences, un travail fort étendu sur cette matière, dans lequel il porte au nombre de 101 les animaux marins, tous appartenant à la classe des invertébrés, chez lesquels la propriété phosphorescente a été constatée (2).

Enfin, depuis la première édition de notre travail, un membre de l'Institut de France, M. de Quatrefages, s'est livré aussi à une série d'expériences sur la phosphorescence dans les eaux de la Manche, et, comme nous, il a reconnu que la *Noctiluca miliaris* en était la cause la plus puissante (3).

Il est probable que les recherches multipliées que des naturalistes zélés ne cessent de faire dans les mers inexplorées jusqu'ici, produiront encore de nouvelles découvertes. Car quelle n'est pas l'immensité de l'univers aqueux en comparaison des parages, toujours plus ou moins restreints, où

(1) Ehrenberg, *Die Infusions-Tierchen*. Ces infusoires lumineux sont : le *Prorocentrum micans*; le *Peridinium Michælis*, le *Peridin. micans*, le *Peridin. fusus*, le *Peridin. furca*, le *Peridin. acuminatum*, la *Synchæta baltica*, et, d'après Backer, une espèce de *Stentor*. — Michælis, *Ueber das Leuchten der Ostsee*. Hamb., 1830.

(2) Ehrenberg, *Ueber das Leuchten des Meeres. Abhandelungen der konigl. Akademie der Wissenschaften zu Berlin*, 1834.

(3) *Annales des Sciences naturelles*. 3e série, *Zoologie*, tome XIV, page 5.

de pareilles recherches ont été faites! Chose singulière, cependant, qu'une propriété si surprenante soit réservée à des êtres placés dans les rangs les plus inférieurs de l'échelle zoologique! C'est en effet parmi les zoophytes qu'on en trouve le plus grand nombre. Mais quoiqu'ils paraissent bien simples en organisation, ils n'en méritent pas moins tout l'intérêt du naturaliste; car leur transparence permet de suivre, pour ainsi dire pas à pas, toutes les phases des plus importantes fonctions de la vie. Il est vrai que ce n'est qu'à travers bien des difficultés que l'œil investigateur parvient à cette étude, puisque la consistance gélatineuse de ces animaux les fait souvent tomber en diffluence au moindre attouchement, et que l'extrême petitesse de quelques-uns ne permet de les observer qu'au moyen d'instruments optiques à fort grossissement.

Malgré les recherches que nous venons d'énumérer, et tant d'autres tout aussi positives, on est loin encore d'être d'accord sur la véritable cause de la phosphorescence marine. Beaucoup de naturalistes, répugnant à ne voir dans ce phénomène qu'une cause animalculaire, sont portés à l'attribuer en partie à la décomposition putride des animaux marins, ou du mucus qui flotte dans l'eau; et, dans leur hésitation, ils pensent qu'il est plus rationnel d'admettre que c'est là un de ces effets naturels, complexes, à la production duquel plusieurs causes peuvent contribuer.

Étonné d'une pareille incertitude à l'égard d'un

phénomène observable presque tous les jours sur nos côtes, nous avons entrepris les recherches qui font le sujet du présent mémoire. Mais comme nous ne pouvions songer à nous occuper de la phosphorescence observée dans d'autres parages, ni à rechercher les diverses espèces d'animaux qui y donnent lieu, on ne trouvera ici que l'ensemble des observations faites par nous dans la mer du Nord devant Ostende. Nous avons laissé aux amants de la nature placés sur d'autres rivages le soin de répéter les diverses expériences exposées plus loin, et dont les résultats coïncident parfaitement avec ceux obtenus par Suriray, au Havre, et par Ehrenberg, à Helgoland.

II

Un des plus curieux spectacles de la nature, c'est sans contredit la phosphorescence de la mer. Quand on a pu observer une fois ce phénomène dans toute la splendeur dont il est susceptible sur nos côtes, on en perd difficilement le souvenir.

Qu'on se figure, par une nuit obscure, la ligne du rivage où viennent se briser les vagues, s'illuminant subitement en longues bandes comme une immense nappe de feu, pendant quelques instants, puis s'éteignant après quelques secondes pour s'illuminer encore lorsqu'une nouvelle vague vient à s'y briser comme la précédente, et ainsi de suite.

Il y a, en effet, de quoi être étonné en voyant cette vive lumière répandue à la surface d'un élément qui lui est si contraire. Et lorsque, dans ce même moment, un bateau à vapeur passe à proximité, le spectacle gagne un plus brillant aspect, car le mouvement des roues fait jaillir, de tous les côtés, des nappes de feu qui retombent ensuite à la surface de l'eau, sous forme de gouttes éclatantes, innombrables. Le même spectacle, mais en petit, se répète lorsqu'une embarcation légère fend rapidement la surface des eaux. Les petites lames qui se brisent contre sa proue s'illuminent tout à coup, tandis que le sillage qu'elle laisse après elle paraît comme une traînée de feu et que chaque coup de rame produit un jet de lumière. Une pierre ou tout autre objet lancé dans l'eau, fait jaillir des milliers d'étincelles, et les cercles concentriques, qui vont en ondulant autour du point central, s'illuminent de proche en proche. Une poignée de sable jetée dans l'eau, la fait paraître comme un crible de feu, et si quelqu'un se baigne à cette heure tardive, son corps semble entouré de lueurs phosphoriques. Même après qu'il a quitté le bain, une foule de points ou globules lumineux restent attachés à sa peau pendant quelques moments.

Dans les endroits où l'eau conserve un repos parfait, de même que partout où sa surface ne fait que suivre le mouvement ondulatoire de la mer sans aucun brisement, elle reste complétement obscure; et ce n'est que là où cette surface vient à être agitée, qu'il y a apparition de lumière. Cette lumière est parfois si vive qu'elle éclaire les objets placés à proximité, et permet de les distinguer malgré l'obscurité la plus profonde de l'atmosphère environnante.

Le phénomène de la phosphorescence ne se borne pas à la mer seule : le sable du rivage, à marée basse, et tant qu'il reste mouillé, fait jaillir aussi une multitude d'étincelles chaque fois qu'on le remue, soit en marchant, soit en le frappant de toute autre façon. Cela provient de ce qu'un grand nombre d'animalcules phosphoriques, abandonnés sur le rivage par le retrait des flots, continuent à y vivre aussi longtemps que le sable conserve un certain degré d'humidité, et projettent leur lumière à chaque excitation qu'ils reçoivent.

L'époque de l'année où la mer, sur nos côtes, est le plus remarquable pour sa phosphorescence, est la fin de l'été et toute la durée de l'automne. Mais on aurait tort de croire, comme on le fait généralement, que le phénomène est borné à cette saison. Des observations suivies nous ont permis de constater, tous les jours de l'année, la présence des animalcules et leur pouvoir d'illuminer la mer. Sans doute, l'illumination est plus belle pendant l'automne, parce que les soirées sont plus obscures et qu'une longue suite de beaux jours a favorisé l'accumulation progressive de ces générations de noctiluques. Toutes choses égales d'ailleurs, plus la nuit est profonde, plus la phosphorescence sera vive et brillante. Ainsi, pendant les clairs de lune, la mer paraît peu lumineuse, et les pâles lueurs qu'on peut apercevoir sont d'une nuance bleuâtre, rappelant les flammes du soufre qui brûle. Alors elle contient un nombre immense d'animalcules phosphoriques : on peut s'en assurer en puisant une certaine quantité de cette eau et en la plaçant dans un endroit bien obscur ; elle y offrira des lueurs extrêmement brillantes, et si l'on en remplit un petit flacon de verre blanc, il contiendra une multitude de ces animalcules, qu'on découvrira aisément par le moyen que nous ferons bientôt connaître.

Indépendamment du nombre de ces animalcules et de l'obscurité de l'atmosphère, le degré de phosphorescence de la mer peut encore varier selon l'état de calme ou d'agitation de cet élément. Ainsi, lorsque les flots sont soulevés par une tempête, le phénomène diminue sensiblement, et cesse même tout à fait, si le vent persiste quelques heures, pour ne reparaître que lorsque le calme est revenu. Ce fait s'explique par l'épuisement qu'éprouvent les animalcules phosphoriques sous l'influence de cette violente agitation de l'eau, qui les disperse dans toutes les directions. Mais à peine l'eau a-t-elle repris son calme, qu'eux aussi reprennent toute leur vitalité et avec celle-ci la faculté d'émettre de la lumière comme auparavant. En effet, lorsqu'on agite vivement, et pendant quelque temps, de l'eau très-phosphorescente, recueillie dans un petit flacon ou autre vase quelconque, la lumière en sera d'abord très-vive ; mais elle ne tarde pas à disparaître, et l'eau restera obscure aussi longtemps que, par un repos convenable, on n'aura pas laissé aux animalcules le temps de reprendre leur vigueur.

Nouvelle preuve de l'influence de l'obscurité de l'atmosphère sur l'apparition de la phosphorescence marine : au commencement de l'été, lorsque le crépuscule du soir continue, pendant une partie de la nuit, à projeter dans l'atmosphère une grande quantité de lumière diffuse, l'eau en pleine mer ne paraît que très-peu lumineuse, quoique cependant, en réalité, elle le soit beaucoup ; ce dont on peut s'assurer en en puisant une certaine quantité dans un bocal, qu'on place ensuite dans un endroit obscur. La même raison fait aussi qu'on remarque parfois une différence notable dans le degré de la phosphorescence, suivant l'heure de l'observation. Par exemple, il arrive souvent qu'en regardant la mer à la tombée de la nuit, avant que l'obscurité soit grande, on ne voit que peu ou même point de phosphorescence, tandis que, revenant plus tard, en pleine nuit, on trouve une lumière des plus brillantes.

L'intensité de la phosphorescence varie encore suivant les localités où on l'observe, et dans tel endroit elle paraît plus forte que dans tel autre. Il est facile de s'expliquer ce fait. Les animalcules phosphoriques, flottant toujours à la surface des eaux, sont réunis en groupes ou en bandes, suivant la direction des courants, et par conséquent ils jettent une lumière plus prononcée quand ils sont en plus grand nombre.

Tout cela sera très-aisé à vérifier, lorsque nous aurons exposé le moyen de reconnaître ces animalcules et d'en estimer le nombre dans une quantité d'eau donnée. Alors on verra qu'il y a un rapport constant et direct entre le nombre de ces êtres curieux et le degré de phosphorescence de l'eau; de sorte que l'eau qui en contient le plus sera toujours plus lumineuse, et *vice versâ*.

Aujourd'hui encore, il est généralement admis que les vents du sud ou du sud-ouest, ainsi qu'un temps orageux, exercent une influence directe et marquée sur la production de la lumière de la mer. C'est là une erreur, nous le croyons, qui a trouvé sa source dans les hypothèses inventées jadis pour expliquer ce phénomène. On pensait, notamment, que la chaleur, qui d'ordinaire accompagne, dans nos climats, les vents du sud, favorisait la décomposition des animaux marins ou de la substance organique mêlée à l'eau de mer, et produisait nécessairement une plus forte quantité de matière phosphorique. Mais si, à la suite de ces vents, la mer est plus phosphorescente, c'est que, sur nos côtes, ils soufflent de la terre vers la mer, et n'agitent guère l'eau près du rivage; or, on sait déjà quelle influence le calme exerce sur le développement de la lumière dans nos animalcules phosphoriques. Quant aux temps orageux, qui amènent toujours de gros nuages, ils rendent seulement l'atmosphère plus obscure; et nous avons signalé aussi tout l'avantage d'une soirée obscure pour observer la lumière de la mer.

Du reste, le tableau que nous donnons à la fin de ce mémoire, et dans lequel on trouvera consignées toutes les conditions météorologiques qui auraient pu avoir quelque connexion avec la phosphorescence de la mer, démontrera à l'évidence que ces conditions n'ont aucune influence directe dans la production du phénomène. Par exemple, nous avons vu la mer très-lumineuse par une température atmosphérique de + 6° Réaumur, la mer elle-même étant aussi à 6°, circonstances certainement très-peu favorables à une décomposition ou fermentation putride. Notre tableau prouve aussi qu'il existe un rapport constant entre le nombre d'animalcules phosphoriques, le degré d'obscurité de l'atmosphère et l'état de calme de la mer, d'une part, et, d'autre part, la phosphorescence observée en pleine mer, c'est-à-dire à portée de vue.

A la fin de l'automne, la phosphorescence, en mer, diminue progressivement, pour cesser entièrement lorsque l'hiver est tout à fait venu. Cependant, quoique alors on n'aperçoive plus de lumière au large ou à portée de vue, elle ne continue pas moins à exister, à un faible degré il est vrai, dans l'eau des petites flaques que la mer, en se retirant, laisse sur l'estran, ou bien entre les grosses pierres des jetées en avant de la digue et à l'entrée du port :

Le sable mouillé autour de ces flaques continue aussi à faire jaillir des étincelles lorsqu'on le remue. Ainsi, la côte offre encore une multitude d'animalcules phosphoriques, tandis qu'on les chercherait vainement au large; pour fuir sans doute les nombreux dangers qu'ils ne manqueraient pas de trouver en pleine mer, ils se sont réfugiés sur les bords du rivage, où ils peuvent continuer à vivre, et où l'on peut les observer, toute la durée de l'hiver. Mais là où l'eau est gelée jusqu'au fond, ainsi que partout où le sable est durci par le froid, ils ont disparu tout à fait, détruits par une température aussi basse. Nous avons exposé de l'eau de mer contenant des noctiluques, et, par conséquent, lumineuse, à une température de — 8° : le lendemain, elle était gelée jusqu'au fond, et il n'était plus possible d'y remarquer la moindre étincelle, même après qu'elle eut été dégelée; on n'y découvrait plus aucun animalcule vivant : tous avaient été détruits par le froid.

Dans toutes ces petites flaques, et, en général, partout où nous remarquons un appareil de phosphorescence, nous sommes certain de trouver des animalcules phosphoriques; tandis que nous les avons toujours cherchés en vain dans l'eau qui restait obscure.

Après l'hiver, déjà en avril, on commence à apercevoir, par-ci par-là, à la surface de la mer et au sommet des vagues, quelques petites lueurs, d'abord faibles, mais qui augmentent progressivement en clarté et en étendue, jusqu'à ce que, l'été étant venu, la phosphorescence reprenne toute sa splendeur. Il est aisé de suivre le mouvement progressif du nombre d'animalcules phosphoriques à cette époque de l'année : le moyen en est simple, et nous l'exposerons dans le chapitre suivant.

III

La pleine mer, le long des côtes, convient seule pour observer la phosphorescence en grand, et se faire une idée exacte de la beauté de ce spectacle. Mais lorsqu'il s'agit d'en rechercher la cause, ou, en d'autres termes, de découvrir les animalcules lumineux, il devient nécessaire de l'étudier en petit, c'est-à-dire dans un appartement, où l'on peut faire régner tour à tour une obscurité profonde ou la lumière du jour.

Voici la marche que nous avons suivie dans nos recherches; elle est d'une simplicité telle, que toutes les expériences peuvent être répétées par les personnes les moins exercées à ces sortes d'opérations, et que chacun peut se donner le plaisir de découvrir, dans l'eau de mer, le petit animal qui donne lieu à ce curieux phénomène.

Nous faisons puiser, en pleine mer, au bout de l'estacade du port, un bocal d'eau, de la contenance de cinq à six litres, que nous laissons ensuite reposer pendant une heure environ. Bientôt les grains de sable et le limon tombent au fond du vase, tandis que les animalcules, s'étant dégagés dans cette eau devenue limpide, remontent à la surface. Nous remplissons alors de cette eau un petit flacon en verre blanc, de la contenance de soixante grammes environ, mais en procédant avec lenteur et ménagement, afin de prendre, autant que possible, la couche la plus superficielle, où se trouve le plus grand nombre d'animalcules. Le petit flacon est laissé à son tour en repos, pour permettre aux animalcules de se réunir à la surface dans le goulot du flacon, où il est plus aisé de les voir, entassés qu'ils y sont les uns contre les autres, en plusieurs couches superposées, suivant leur nombre; de sorte qu'aux jours où la mer est très-phosphorescente, ils forment, à la surface de l'eau, une couche de 2 ou 3 millimètres d'épaisseur (*fig.* 1).

Après un repos de quelques minutes, il suffit de secouer légèrement le petit flacon, en l'exposant à un jour convenable, pour apercevoir distinctement les animalcules déplacés par cette agitation et flottant plus ou moins profondément dans l'eau, sous forme de petits points blanchâtres, opalins, arrondis, et du volume d'une petite tête d'épingle (*fig.* 2).

Ce sont là les animalcules phosphoriques connus sous le nom de *Noctiluca miliaris*, mais dont le tentacule, par son extrême ténuité, ne devient visible que sous une forte loupe. Ainsi déplacés, on peut aisément estimer leur nombre, au moins d'une manière approximative. Quelques moments d'un nouveau repos suffisent pour les voir gagner de nouveau la couche la plus superficielle du liquide, comme s'ils y étaient entraînés par leur légèreté spécifique : du moins est-on porté à le croire ainsi, puisque cela se répète après chaque nouvelle secousse, et que jamais l'œil, même aidé du microscope, n'est parvenu à découvrir dans cet animalcule aucun mouvement de déplacement actif ou volontaire.

Si l'on verse alors une petite quantité de cette eau dans un verre à montre, et qu'on la soumette à un grossissement médiocre, on y découvre les noctiluques avec tous leurs caractères extérieurs, leur tentacule filiforme, qui se meut lentement, en décrivant toutes sortes d'évolutions. Le corps cependant semble rester immobile, et ce n'est qu'à de très-rares intervalles qu'on peut y remarquer de faibles contractions (*fig.* 3).

Veut-on mieux étudier l'animal, on pêche un individu, dans le verre, au moyen d'un pinceau très-fin ou d'un tube capillaire, et on le place, avec beaucoup de ménagement, sur le porte-objet du microscope, où on le soumet au grossissement qu'on désire (*fig. 4*).

Ces expériences, répétées dans l'obscurité, offriront les résultats suivants : aussi longtemps que l'eau reste en repos, on n'y remarque aucune trace de lumière; seulement, aux jours où le nombre de noctiluques est immense, on voit surgir, par-ci par-là, à la surface de l'eau, de petits points ou globules brillants, isolés, et qui disparaissent aussitôt. Mais si l'on vient à heurter, même légèrement, les parois du bocal, il apparaît instantanément des lueurs très-vives, et le liquide semble recouvert d'une nappe de feu. Après quelques secondes, cet appareil lumineux s'évanouit, pour reparaître à une nouvelle secousse, et ainsi de suite.

Aux jours où les noctiluques ne sont pas très-nombreux, la surface de l'eau ne donne, à chaque secousse, qu'un nombre proportionnellement moindre de globules lumineux, tous isolés, et qui se voient plus vers la circonférence qu'au milieu, parce que les animalcules sont attirés dans le ménisque vers les parois du vase.

La même chose a lieu dans le petit flacon; mais ici l'expérience est plus intéressante. Après chaque secousse, les noctiluques, sous forme de globules lumineux, descendent légèrement dans le liquide, puis remontent lentement, pour s'éteindre avant qu'ils aient gagné la surface de l'eau, avec un mouvement semblable à celui qu'on avait remarqué, à la clarté du jour, pour les petits points blanchâtres, gélatineux, qui constituent les noctiluques. Arrive-t-il qu'on ne constate qu'un seul globule igné dans le flacon, il est certain qu'on n'y découvrira qu'un seul noctiluque : y a-t-il deux globules, on trouvera deux animalcules, et ainsi de suite, jusqu'à ce que le nombre, devenant trop grand, ne permette plus de les compter au juste.

Il y a toujours un rapport constant et direct entre le nombre de globules lumineux qu'on remarque dans l'eau, à l'obscurité, et celui des noctiluques qu'on y découvre, à la lumière du jour; ce qui démontre, d'une manière péremptoire, que ces animalcules seuls sont cause de la phosphorescence de l'eau.

Si l'on fait entrer le jour peu à peu dans l'appartement, le phénomène lumineux diminue graduellement, pâlit et devient bleuâtre, jusqu'à ce que, la clarté étant complète, toute phosphorescence cesse. L'opposé a lieu, à mesure qu'on rend de nouveau la pièce obscure.

Lorsque l'on continue à agiter, coup sur coup, le petit flacon, toute la phosphorescence, si forte qu'elle puisse être, ne tarde pas à cesser. Il faut croire que la vitalité des animalcules a diminué sous l'influence de cette agitation prolongée, et que leur pouvoir phosphorique est en quelque sorte momentanément suspendu. Mais cela ne dure pas, car quelque temps de repos suffit pour qu'ils reprennent toute leur vitalité et qu'ils luisent de nouveau dans l'obscurité.

Le stimulant normal qui détermine les noctiluques à émettre leur lumière est sans doute l'agitation de l'eau où ils se trouvent. Du moins, la plus légère secousse imprimée au liquide fait-elle apparaître aussitôt un appareil phosphorescent. Mais ce n'est pas là la seule cause de l'émission lumineuse. Tous les corps irritants, tels que les acides, l'alcool, les alcalis, etc., déterminent aussi cette émission, au moment où on les ajoute à l'eau, avec cette différence cependant que la lumière n'apparait qu'une fois et ne se répète pas après un certain repos. C'est que ces substances irritantes, qui excitent d'abord vivement l'animalcule, ne tardent pas à le tuer; et après cette expérience, on le chercherait vainement dans le liquide, on n'en trouverait que les débris.

Si, au lieu d'ajouter l'alcool tout à la fois, on a soin de ne le laisser tomber que goutte à goutte, les noctiluques ne sont point tués instantanément, et l'on peut encore constater leur présence par l'apparition de globules lumineux à chaque secousse du vase. Mais au moment où l'eau se trouve saturée du liquide irritant, il devient impossible aux animalcules de continuer à vivre. Dès lors toute trace de lumière a disparu.

Nous conservons souvent pendant quinze jours et plus, dans de petits flacons remplis d'eau de mer, des noctiluques vivants. On remarque alors qu'après un certain temps, la lumière des globules diminue progressivement de clarté, à mesure que ces animalcules s'affaiblissent et approchent du terme de leur existence. Puis, la lumière disparait tout à fait : c'est l'indice que tous les noctiluques sont morts; et, en effet, on ne trouve plus dans ce liquide que leurs nombreux débris.

Lorsque, au moyen d'un petit siphon, on soutire du fond du bocal une certaine quantité d'eau, elle reste obscure, c'est-à-dire qu'elle n'offre aucune trace de phosphorescence; quoique cependant rien ne soit changé à son état chimique, qu'elle contienne la même quantité de substance organique, le même nombre d'infusoires, et que son état électrique, si électricité il y a, soit resté le même que celui de la couche la plus superficielle, où l'eau continue à rester lumineuse. C'est que cette eau soutirée ne contient pas de noctiluques, parce qu'ils occupent toujours la couche d'eau la plus superficielle, où leur légèreté spécifique semble les attirer. Mais s'il arrive qu'elle donne encore quelques rares étincelles, c'est qu'elle a entrainé quelques animalcules qu'on ne tarde pas à y découvrir.

Le filtrage de l'eau à travers le papier la rend pour toujours obscure. Aussi n'y découvre-t-on aucun noctiluque, tandis que le papier qui a servi de filtre présente une multitude de points lumineux, chaque fois qu'on le secoue, et l'on peut y distinguer, au moyen de la loupe, les noctiluques qu'il a retenus. Veut-on de nouveau rendre cette eau phosphorescente, on n'a qu'à y laver le papier qui a servi de filtre; les animalcules s'en détachent et recommencent à briller, lorsqu'ils sont rendus à leur élément.

Ces expériences prouvent à l'évidence que, par elle-même, l'eau de mer n'est point phosphorescente, et qu'elle doit cette propriété merveilleuse à des êtres qui vivent dans son sein ; car serait-il rationnel d'admettre que l'opération du filtrage eût changé quelque chose à la composition chimique de cette eau, et que l'eau du fond fût d'une autre qualité que celle de la surface?

On voit déjà que les animalcules qui donnent à l'eau de mer la propriété phosphorescente, ne sont autres que les noctiluques ; mais, afin d'éviter toute espèce de doute à ce sujet, nous sommes allés plus loin, et voici des expériences qui paraîtront péremptoires à tous égards.

On remplit deux verres à montre avec une quantité égale d'eau de mer, lumineuse au même degré, ce dont on s'assure, au préalable, en heurtant, dans l'obscurité, les bords des verres, de manière à imprimer au liquide une petite secousse. Puis, au moyen d'un pinceau délié, on pêche un à un tous les noctiluques de l'un des verres pour les transporter dans l'autre, où leur nombre se trouve ainsi doublé; opération qui n'offre aucune difficulté, pourvu que le verre soit placé dans un jour convenable qui permette de distinguer à l'œil nu les animalcules.

Si maintenant on place ces verres dans l'obscurité, et qu'après quelques instants de repos on les observe comme précédemment, on constatera un changement total dans la phosphorescence de l'eau qu'ils contiennent. Celui d'où l'on a ôté tous les noctiluques ne donnera plus aucune trace de lumière, tandis que l'autre, où le nombre de ces animalcules est doublé, offrira une quantité de globules lumineux, beaucoup plus grande qu'auparavant.

En continuant cette expérience, on la rend encore plus décisive. Que le nombre de noctiluques dans le dernier verre soit augmenté successivement de nouveaux animalcules pêchés dans un large vase qui en contient beaucoup, jusqu'à ce qu'il y en ait assez pour recouvrir toute la surface du liquide : eh bien, au lieu de globules lumineux isolés, qu'on avait remarqués d'abord, on obtiendra presqu'une véritable nappe lumineuse, tant les étincelles se confondront en une seule lumière; absolument le même effet, en petit, qu'on observe dans le grand bocal, aux jours où l'eau contient des myriades de noctiluques. Ici, la supposition qu'une fermentation putride ou combustion chimique quelconque pourrait être la cause de cette phosphorescence est inadmissible, puisque rien n'a été changé à l'état chimique de l'eau des deux verres : l'électricité n'y est pour rien non plus, et il doit paraître évident aux yeux les moins clairvoyants que le phénomène est dû exclusivement à la présence des noctiluques.

On peut encore faire une autre expérience, semblable à la précédente, et tout aussi concluante : on remplit d'eau de mer filtrée et, par conséquent, non lumineuse, plusieurs verres à montre. Dans un premier verre, on place un seul noctiluque, pêché, comme il est dit déjà, dans de l'eau lumineuse ; dans un deuxième verre, on place, de la même manière, deux de ces animalcules ; dans un troisième verre, trois, et ainsi de suite. Si, après quelques instants de repos dans l'obscurité, on vient à heurter successivement et l'un après l'autre tous ces verres, on remarque dans chacun autant de globules ignés qu'on y a mis de noctiluques. Cette expérience demande à être exécutée avec une certaine rapidité, parce que les animalcules ne sauraient vivre longtemps dans de l'eau de mer filtrée.

Enfin, lorsqu'on a plongé la main dans de l'eau de mer très-phosphorescente, une foule de points scintillants, qui s'éteignent après quelques secondes, restent attachés à la surface de la peau. Si l'on examine sur-le-champ, au moyen d'une forte loupe et d'une vive lumière, les endroits où l'on a remarqué ces globules, on y constate la présence d'un noctiluque, qu'on reconnait à un point sphérique, gélatineux, et qui tombe en diffluence au moindre attouchement du doigt. Il n'est cependant pas difficile, en procédant délicatement, de saisir l'animalcule avec un pinceau, et de le placer sur le porte-objet du microscope, où l'on peut l'observer dans tous ses détails.

Toutes ces expériences ont été répétées maintes fois, et toujours elles ont fourni les mêmes résultats. Pendant deux années consécutives, nous n'avons pas cessé d'observer journellement la phosphorescence de la mer, et jamais nous n'avons rien découvert qui pût faire soupçonner une autre origine à ce phénomène que celle de nos animalcules.

Par contre, nous avons toujours remarqué qu'il existe un rapport constant et direct entre le degré de phosphorescence de l'eau et le nombre des noctiluques qu'on y trouve : de telle sorte que chaque fois que l'eau contenait beaucoup de ces animalcules, l'appareil lumineux était très-prononcé; tandis qu'il l'était faiblement, aux jours où ces animalcules étaient clair-semés : bien entendu que l'obscurité de l'atmosphère était la même dans les deux cas. Jamais nous n'avons découvert de noctiluques lorsque la mer n'était pas phosphorescente, alors même que les autres espèces d'animalcules, qui y pullulent, tels qu'infusoires, petits crustacés, etc., y étaient en nombre; tandis qu'au contraire, nous n'avons jamais manqué d'y trouver des noctiluques, toutes les fois qu'elle était lumineuse.

C'est ici le lieu de parler d'une expérience dont il a été question au commencement de ce travail, et qui a servi longtemps à expliquer la phosphorescence marine. Tout le monde sait que lorsqu'on expose à l'air, pendant quelques jours, les corps de certains poissons, tels que ceux des harengs et des maquereaux, ils ne tardent pas à devenir phosphorescents. Il suffit alors d'en frotter la surface avec le bout du doigt, pour que le doigt reste imprégné d'une matière grasse, huileuse, qui le fait paraître comme s'il avait été frotté avec du phosphore. Cette matière grasse, enlevée du corps du poisson avec un instrument quelconque et placée sur du verre, continue à luire dans l'obscurité; mais cette lumière est pâle et blafarde comme celle du phosphore. Le microscope n'y découvre aucun animalcule infusoire ou autre, qui pourrait être considéré comme produisant ce phénomène.

Si l'on place ces corps dans de l'eau de mer, qu'elle soit filtrée ou non, elle deviendra lumineuse au bout de quelques jours de macération. Mais ici cette lumière, au lieu de n'apparaître que par intervalles et seulement lorsque l'eau est agitée, persiste uniformément avec un égal degré d'intensité dans chaque atome d'eau. Les secousses ne l'augmentent pas; la surface, le fond, les parois, ont une lumière égale; le filtrage ne la détruit ni ne la diminue. Mais, nous l'avons dit, la lumière n'est pas brillante, et son apparence laiteuse annonce une autre nature que celle qu'offre l'eau de mer naturelle phosphorescente; car la lumière de l'eau de mer est vraiment animée; des globules scintillants paraissent et disparaissent, s'illuminent tout à coup et puis s'éteignent, en laissant tout le liquide dans une profonde obscurité.

L'eau qui a servi à cette expérience a perdu toute sa limpidité : elle est devenue trouble, et elle a acquis une odeur de poisson pourri, très-prononcée. Après quatre ou cinq jours, cet appareil lumineux cesse pour ne plus reparaître.

Il y a donc ici, évidemment, fermentation putride et formation d'une substance phosphorée qui vient brûler au contact de l'oxygène. On sait qu'en général la chair des poissons recèle du phosphore, et que les harengs et les maquereaux sont reconnus pour en contenir une proportion plus grande. Dès lors, il ne paraîtra pas étonnant qu'après leur mort, la décomposition de ces corps produise une substance huileuse, assez riche en phosphore pour luire dans l'obscurité. Un phénomène semblable a été quelquefois observé pendant la décomposition des corps d'animaux terrestres, et même le cadavre humain en a fourni des exemples. Un cas fort curieux de cette espèce est rapporté dans le *Journal de la Société des sciences physiques et chimiques*, de M. Julia de Fontenelle (1838), et les savants qui s'en occupèrent, ne purent l'expliquer que par la formation d'une substance huileuse, pendant le temps de la désagrégation.

IV

Le petit animal dont la propriété lumineuse est hors de doute, et que nous avons démontré être la seule et véritable cause de la phosphorescence de la mer sur la côte d'Ostende, a été observé pour la première fois par Rigaud, en 1765 (1), et presque en même temps, par Slabber (2). Plus tard, en 1775, Dicquemare le découvrit aussi dans les eaux de la mer, au Havre (3), et en 1810, sur la même côte, Suriray, qui paraît avoir ignoré les travaux de ses

(1) *Mémoires de l'Académie de Paris*, 1765, page 26.
(2) *Naturkundige verlustigingen*, Harlem, 1778.
(3) *Journal de physique*, 1775, tom. V, page 319.

prédécesseurs, le signala comme une nouveauté (1). Il lui donna le nom de *Noctiluca miliaris*, que nous proposons de lui conserver. En 1834, M. Ehrenberg (2), étudiant la phosphorescence sur la côte de Helgoland, y retrouve encore le même animalcule, et l'appelle *Mammaria*. Enfin, M. de Quatrefages a publié récemment le produit d'observations nouvelles, très-intéressantes et très-décisives (3).

La véritable place du noctiluque, dans la série animale, est restée fort longtemps incertaine. Un de nos compatriotes, M. Van Beneden, dans une série de Mémoires lus à l'Académie des sciences de Bruxelles (4), a entrepris l'histoire des animaux inférieurs de la côte d'Ostende. Nous espérons qu'il publiera bientôt son savant travail sur les noctiluques, qu'il range parmi les Rhizopodes, où ils paraissent devoir rester définitivement.

Les noctiluques, vus à l'œil nu, se présentent sous forme de petits points, d'apparence laiteuse, du volume d'une petite tête d'épingle, de 1/5 à 1/3 de millimètre, et qui, d'ordinaire, se tiennent immobiles à la surface de l'eau, où ils semblent être attirés par leur légèreté spécifique. En effet, dès que le liquide vient à être agité, la secousse les fait descendre à une profondeur variable sui-

(1) *Mémoire* cité plus haut.

(2) *Mémoire* cité plus haut.

(3) *Annales des Sciences naturelles*, 1852, 3me série, *Zoologie*, tom. XIV.

(4) *Mémoires de l'Académie royale de Belgique*, tom. XVII et XVIII.

vant le degré de l'agitation, et ils suivent tous les mouvements du liquide jusqu'à ce qu'il ait commencé à reprendre son repos primitif. Alors on les voit remonter lentement vers la surface, où, de nouveau, ils se tiennent immobiles comme auparavant, et sans qu'il soit possible de remarquer en eux le moindre mouvement de déplacement actif ou volontaire.

Quand on examine le noctiluque au moyen d'une loupe ordinaire, un nouvel ordre de caractères se découvre. La forme générale est à peu près celle d'un melon lisse et assez profondément échancré sur un point de sa surface. Vers cette dépression s'élève un tentacule extrêmement mince, qui se meut dans toutes les directions, quelquefois lentement, comme s'il avait peine à fendre l'eau, quelquefois rapidement.

Si l'on examine l'animal sous un puissant microscope, voici ce qu'on observe : le corps est transparent et paraît composé d'une substance gélatineuse enveloppée d'une membrane extérieure d'une ténuité extrême. Des filaments, ressemblant beaucoup aux nervures des feuilles, parcourent toutes les parties du corps, et vont se réunir en convergeant vers un noyau central dont il sera question plus loin. Ces filaments, que nous croyons être de véritables vaisseaux, sont répandus dans toute l'épaisseur de la substance gélatineuse du corps, et il est aisé de s'en convaincre en rapprochant et éloignant alternativement de la lentille le porte-objet du microscope, sur lequel se trouve l'animal, de manière à présenter successivement à l'œil du spectateur les divers plans de ce sphéroïde. Alors on aperçoit, dans chaque nouveau plan, un nouvel ordre de filets parfaitement distincts de ceux qu'on avait vus dans le plan précédent. Au moment où l'animal meurt, tous ces filets se réunissent vers le noyau central, comme s'ils y étaient attirés par une espèce de contraction, et l'on n'en trouve plus de vestiges dans tout le reste du corps.

D'après M. de Quatrefages, la membrane d'enveloppe se compose de deux feuillets, assez difficiles à distinguer l'un de l'autre. Le plus externe est excessivement mince, et semble comme un vernis très-délicat sur le feuillet interne. Celui-ci, beaucoup plus solide, ne présente aucune trace de fibres, et c'est lui qui détermine la figure générale de l'animal.

Ces deux membranes contribuent à former le tentacule ou appendice ; mais au lieu d'être lisses, elles sont ici striées en travers. Le feuillet interne y augmente sensiblement d'épaisseur.

L'instrument grossissant démontre encore que ce qu'on avait pris d'abord pour une simple échancrure est un appareil bien plus compliqué. En effet, dans ce point, la membrane d'enveloppe se replie en dedans, ou vers le point central de l'animal, en creusant une cavité irrégulière, ou plutôt une sorte d'entonnoir à quatre parois bien distinctes, formées par autant de replis de cette membrane. Cette disposition, qu'aucune description ne saurait rendre parfaitement intelligible, est représentée dans la figure. C'est aussi en rapprochant et éloignant alternativement de l'œil du spectateur le porte-objet de l'instrument, qu'on parvient à découvrir cette singulière disposition; pour bien l'observer, il faut que l'animal soit placé d'une manière favorable, ce qui se rencontre à peine une fois sur dix. Le fond de cet entonnoir conduit à une espèce de noyau central, de forme exactement arrondie, parfaitement circonscrit, et de couleur plus ou moins sombre, mais réfractant quelquefois la lumière du jour, et paraissant plus éclairé que tout le reste du corps. C'est aussi dans ce fond, et très-prés de ce noyau, que prend naissance le tentacule, dont le point précis d'insertion nous a toujours échappé. Ce tentacule n'est point cylindrique, comme Suriray l'avait pensé : il est au contraire aplati comme un ruban, et arrondi seulement à son extrémité libre, qui se termine comme le bout des doigts. Dans ses mouvements incessants, il présente tantôt sa face aplatie et tantôt son bord ou son côté tranchant. Il règne dans toute la longueur du tentacule, des lignes transversales qui ne ressemblent pas mal aux articulations des annélides; mais il nous a été impossible de découvrir si son intérieur est rempli ou s'il est creusé en forme de canal. Ce tentacule est-il un instrument de locomotion, ou bien est-ce une espèce de suçoir, un organe tactile ou de préhension? Rien, jusqu'à présent, n'a pu être décidé à ce sujet.

Tout ce que nous avons pu observer concernant l'appareil digestif, c'est qu'il paraît composé de plusieurs cavités ou vacuoles, variables, isolées dans l'épaisseur du corps, et contenant presque toujours des granulations formées, probablement, de la substance alimentaire. On y retrouve aussi des grains de carmin et d'indigo, après avoir placé les noctiluques dans de l'eau colorée par ces substances. Ces cavités sont parfaitement circonscrites, rondes, ou très-peu ovales. Elles changent souvent de place, tantôt attirées vers le noyau central, tantôt s'en écartant, et se rapprochant latéralement d'une cavité voisine.

On ne sait rien de précis sur le mode de reproduction des noctiluques. Nous avons rencontré, à diverses reprises, parmi les animalcules que nous conservions vivants, des individus doubles, c'est-à-dire dont le corps était en voie de se diviser en deux parties parfaitement égales et figurant chacune un animal complet. Ce fait a été observé deux ou trois fois par M. de Quatrefages, et il est difficile de ne pas y voir le résultat d'une scission spontanée. Il est donc probable que la fissiparité est au moins un des moyens de multiplication de ces animaux.

Les seuls mouvements qu'il ait été possible d'observer dans l'animal consistent en un léger balancement de l'une ou l'autre moitié du sphéroïde, espèce de contraction, dont la répétition prolongée pourrait bien amener un déplacement total du corps, mais que nous n'avons, cependant, jamais constaté.

V

Il règne encore de l'incertitude sur l'origine de la lumière que les noctiluques émettent. MM. Ehrenberg et de Quatrefages, qui, parmi les naturalistes modernes, se sont le plus occupés de la phosphorescence chez les animaux marins, pensent qu'elle est de nature électrique. En effet, la lumière organique se montre parfois sous la forme d'un éclair, répété de temps en temps, spontané, ou souvent aussi provoqué, parfois sous l'aspect d'étincelles se suivant immédiatement et très-semblables à de petites étincelles électriques. M. Ehrenberg a découvert chez un petit ver marin — le *Photo-*

*

charis cyrrigera — l'organe producteur de la phosphorescence et il a pu en étudier le mode de production, mais sans parvenir à déterminer d'une manière précise la nature de la lumière. Il croit que les petites aspérités innombrables qu'un très-puissant microscope fait découvrir à la surface du corps des noctiluques, sous forme de papilles extrêmement ténues, pourraient bien être les organes de la production de lumière. Ce qu'a vu M. de Quatrefages appuie cette opinion : il a observé que la lueur émise par le noctiluque est elle-même produite par un nombre infini de très-petites étincelles microscopiques, qui se montrent indifféremment sur les divers points du corps ou sur le corps tout entier. La lumière paraît alors comme un semis de petites étincelles instantanées, très-rapprochées au centre, et clair-semées sur les bords ; parfois, on en voit qui éclatent sur la limite de cette espèce de nébuleuse. (Fig. 7.)

« Rien de plus aisé, dit-il, que d'observer à la loupe, dans l'obscurité, les noctiluques lumineux. Un grossissement de 6 à 8 diamètres suffit pour reconnaître que parmi les individus qu'on a sous les yeux, il en est qui sont lumineux dans toute l'étendue de leur corps, tandis que chez d'autres la phosphorescence n'est que partielle. En employant un grossissement de 10 à 12 diamètres, on reconnait aussi que la lumière se montre souvent alternativement sur divers points du corps. A un grossissement de 60 diamètres, les parties lumineuses se montrent déjà comme composées d'un fond blanc sur lequel se détachent çà et là de très-petits points brillants qui paraissent et disparaissent. Enfin, à un grossissement de 150 diamètres, la nature réelle de la phosphorescence devient évidente, etc. »

Ces expériences de M. de Quatrefages semblent donc démontrer que la lumière des noctiluques est véritablement de nature électrique.

Nous ne terminerons pas ce travail sans payer un tribut de reconnaissance à notre ami, M. A. Macleod, qui a bien voulu reproduire, par un dessin fidèle, les diverses figures indispensables à l'intelligence du texte.

TABLEAU indiquant le rapport direct qui existe entre le
et, d'une autre part, le peu de connexion entre l'apparition

DATE de L'OBSERVATION (1).	TEMPÉRATURE de LA MER.	TEMPÉRATURE de L'AIR.	BAROMÈTRE.	VENTS.	ÉTAT DU CIEL.	ÉTAT DE LA MER.
1844.						
10 juillet. . .	14° R.	16°	756mm	O.-N.-O.	Très-beau.	Calme.
19 id.	14 1/4	14 1/2	764	N.-O.	Id.	Id.
25 id.	15 1/4	18	762	E.	Id.	Id.
26 id.	14	14 3/4	762	N.-O.	Pluie.	Agitée.
2 août. . . .	15 1/2	15 1/4	735	O. Tempête.	Pluvieux.	Très-agitée.
6 id.	13	13 1/2	734	S.-O	Id.	Calme.
15 id.	12	14 1/2	746	N.-O.	Couvert.	Agitée.

(1) Comme des centaines d'observations, semblables sous tous les rapports, et rangées les unes à la suite des autres, ne seraient que médiocrement intéressantes, nous nous bornons à en citer un certain nombre, prises au hasard parmi toutes celles que nous avons faites pendant deux années consécutives.

…mbre de noctiluques et la phosphorescence de la mer ; … ce phénomène et les diverses conditions météorologiques.

DEGRÉ D'OBSCURITÉ DE L'ATMOSPHÈRE au moment DE L'OBSERVATION.	DEGRÉ de PHOSPHORESCENCE de LA MER (2).	NOMBRE DE NOCTILUQUES trouvés DANS UNE QUANTITÉ DONNÉE D'EAU DE MER, ou phosphorescence étudiée en petit.
…omme 5 est à 10.	Comme 4 est à 10.	12 à 15 noctiluques dans un petit flacon de la contenance de soixante grammes. L'eau, dans le bocal, donne beaucoup de globules lumineux isolés.
6 : 10	6 : 10	30 à 40 noctiluques dans soixante grammes d'eau.
4 : 10	6 : 10 Les lueurs phosphoriques de la mer sont pâles, et il faut être assez près pour les voir.	Le nombre de noctiluques est tellement grand qu'il est impossible de les compter. Nous estimons qu'il y en a au moins mille dans le petit flacon. Les points scintillants qu'on fait surgir à la surface de l'eau du bocal, chaque fois qu'on le secoue, sont en si grand nombre qu'ils font paraître l'eau comme si elle était recouverte d'une nappe de feu.
Clair de lune.	5 : 10	Même nombre de noctiluques qu'hier.
6 : 10	2 : 10	Le nombre de noctiluques a notablement diminué. On n'en trouve plus que 30 à 40 dans soixante grammes d'eau. Cela provient évidemment de ce qu'ils ont été dispersés dans toutes les directions par l'agitation dans laquelle la mer se trouve depuis deux jours.
6 : 10	6 : 10	30 à 40 noctiluq. dans le petit flacon.
8 : 10	4 : 10	20 à 25 id. id.

(2) Afin de faire ressortir autant que possible le rapport qui existe entre le …egré d'obscurité de l'atmosphère et celui de la phosphorescence de la mer, …ous l'avons exprimé en chiffres : prenant le zéro pour le clair de lune parfait …t l'absence de toute phosphorescence, et le chiffre dix pour indiquer l'obscu…ité la plus noire et le plus haut degré de phosphorescence.

DATE de L'OBSERVATION.	TEMPÉRATURE de LA MER.	TEMPÉRATURE de L'AIR.	BAROMÈTRE.	VENTS.	ÉTAT DU CIEL.	ÉTAT DE LA MER.
21 août . . .	12° 1/4	13° 1/4	753mm	O.-N.-O.	Beau.	Agitée.
28 id.	12	13	760	N.	Id.	Id.
4 septembre.	13	15 1/2	763	N.-E.	Id.	Calme.
6 id.	14 1/2	18	760	O.	Très-beau.	Id.
14 id.	12 1/2	15	765	O.-S.-O.	Beau.	Id.
21 id.	11 3/4	12	760	N.-E.	Couvert.	Agitée.
27 id.	11	11 1/2	764	E.	Très-beau.	Calme.
2 octobre . .	10 3/4	12	753	O. Tempête	Pluie.	Agitée.
5 id.	10 3/4	11 1/2	756	O.-S.-O.	Couvert.	Id.
7 id.	10 1/2	10 1/2	757	O.-N.-O.	Beau.	Calme.
21 id.	9 1/4	9	758	E.	Id.	Id.
30 id.	7 3/4	7 3/4	760	E.	Pluie.	Id.
1 novembre.	7 1/4	7	760	E.	Beau.	Id.

DEGRÉ D'OBSCURITÉ DE L'ATMOSPHÈRE au moment DE L'OBSERVATION.	DEGRÉ de PHOSPHORESCENCE de LA MER.	NOMBRE DES NOCTILUQUES * trouvés DANS UNE QUANTITÉ DONNÉE D'EAU DE MER, ou phosphorescence étudiée en petit.
7 : 10	4 : 10	20 à 25 noctiluq. dans le petit flacon.
0	0	25 à 30 id. id.
4 : 10	3 : 10	50 à 60 id. id.
7 : 10	4 : 10	20 à 30 id. id.
8 : 10	10	200 id. au moins dans le flacon.
0	0	60 id. environ dans le flacon.
0	0	30 à 40 id. id.
7 : 10	2 : 10	15 à 20 id. id.
7 : 10	2 : 10	8 à 10 id. id.
10	7 : 10	50 à 60 id. id.
0	0	15 id. id.
7 : 10	2 : 10	10 à 12 id. id.
8 : 10	0	L'eau du bocal, puisée en pleine mer, n'est point lumineuse. Nous remplissons successivement et avec beaucoup de soin une série de petits flacons, de manière à vider entièrement le bocal. Aucun d'eux ne donne la moindre trace de globules lumineux ; aussi n'y découvrons-nous aucun noctiluque. Le sable mouillé, autour des petites flaques d'eau laissées à marée basse, projette une foule de points scintillants lorsqu'on le remue. L'eau de ces petites flaques donne aussi de ces globules chaque fois qu'elle vient à être agitée. Un petit flacon de soixante grammes, rempli de cette eau, contient 4 noctiluques, et l'on y compte autant de globules lumineux quand on le secoue dans l'obscurité.

DATE de L'OBSERVATION.	TEMPÉRATURE de LA MER.	TEMPÉRATURE de L'AIR.	BAROMÈTRE.	VENTS.	ÉTAT DU CIEL.	ÉTAT DE LA MER
2 novembre.	6°	4° 1/2	745mm	E.	Pluie.	Calme.
8 id.	7 1/4	9 1/4	740	S.	Beau.	Id.
4 décembre.	+ 5	— 1	763	E.	Très-beau.	Id.
1843.						
4 janvier.	+ 1 1/4	+ 4 1/2	763	O.	Couvert.	Calme.
20 février.	0	— 6	760	E.	Beau.	Id.
12 avril.	9	+ 8	754	O.-N.-O.	Pluvieux.	Agitée.
28 id.	11	16	754	S.	Beau.	Calme.

DEGRÉ d'obscurité de l'atmosphère au moment de l'observation.	DEGRÉ de phosphorescence de la mer	NOMBRE DE NOCTILUQUES trouvés dans une quantité donnée d'eau de mer, ou phosphorescence étudiée en petit.
9 : 10	1 : 10	3 à 4 noctiluques dans le petit flacon. L'eau du grand bocal offre, à sa circonférence seulement, plusieurs globules lumineux.
9 : 10	0	Point de globules lumineux dans l'eau, qui a été puisée en pleine mer ; point de noctiluques. Les petites flaques et le sable mouillé continuent à offrir le petit appareil lumineux dont nous avons parlé.
7 : 10	0	Comme dans l'observation précédente.
10	0	Comme dans l'observation précédente. La même chose a lieu tout l'hiver.
0	0	Comme dans l'observation précédente. Partout où le sable mouillé est gelé, ainsi que dans les flaques prises par la glace, il n'y a point de lumière.
7 : 10	0	L'eau du grand bocal, puisée en mer, offre quelques rares globules lumineux à la circonférence de sa surface ; mais il est impossible de recueillir des noctiluques dans le petit flacon.
6 : 10	5 : 10	Depuis la dernière observation, l'eau du bocal a continué à offrir des globules lumineux dont le nombre a été toujours croissant. Il a été bientôt possible d'y pêcher des noctiluques. En même temps, la phosphorescence de la mer a reparu, et aujourd'hui elle existe à un degré considérable. Nous obtenons une centaine de noctiluques dans le petit flacon.

DATE de L'OBSERVATION.	TEMPÉRATURE de LA MER.	TEMPÉRATURE de L'AIR.	BAROMÈTRE.	VENTS.	ÉTAT DU CIEL.	ÉTAT DE LA MER.
6 mai. . . .	9° 1/2	10°	755mm	N.-O.	Beau	Calme.
2 juin . . .	11	16 1/2	760	N.-O.	Très-beau.	Id.
14 id. . . .	15 1/4	17	765	N.	Couvert.	Id.
18 id. . . .	16	18 1/2	760	O.-N.-O.	Id.	Peu agitée.
2 juillet. . .	14	15 1/2	755	S.-E. Fort.	Pluvieux.	Très-agitée
16 id. . . .	13	14	756	O.	Id.	Id.
22 id. . . .	15 1/4	16	760	E.-N.-E.	Beau.	Id.
28 id. . . .	15	16 1/4	760	O.	Id.	Calme.
8 août . . .	14	16 1/2	756	O.-S.-O.	Id.	Agitée.
15 id. . . .	13	12	755	N.	Pluie.	Très-agitée
7 septemb. .	12 1/2	13	764	E.	Très-beau.	Agitée.
25 novemb. .	7	9 1/2	750	O.	Couvert.	Calme.
4 décemb. .	6	6	752	N.-O.	Id.	Agitée.
30 id. . .	5	6	756	O.	Beau.	Id.

DEGRÉ d'obscurité de l'atmosphère au moment de l'observation.	DEGRÉ de phosphorescence de la mer.	NOMBRE DE NOCTILUQUES trouvés dans une quantité donnée d'eau de mer, ou phosphorescence étudiée en petit.
9 : 10	5 : 10	30 à 40 noctiluq. dans le petit flacon de 60 grammes.
5 : 10	3 : 10	30 à 40 id. id.
3 : 10	1 : 10	12 à 15 id. id.
0	3 : 10	Plus de 1000 id. id.
	Les lueurs sont pâles.	L'eau du bocal est extrêmement lumineuse dans l'obscurité.
4 : 10	0	40 à 50 noctiluq. dans le petit flacon.
3 : 10	0	30 à 40 id.
5 : 10	0	Plus de 100 id.
7 : 10	7 : 10	Comme dans l'observation précédente.
7 : 10	2 : 10	25 à 30 noctiluq. dans 60 grammes d'eau.
0	0	40 à 50 id. id.
8 : 10	3 : 10	50 à 60 id. id.
10	10	Plus de 1000 id. id.
9 : 10	6 : 10	70 à 80 id. id.
10	0	L'eau puisée en mer ne donne aucune trace de phosphorescence : point de globules. Il n'est pas possible d'y découvrir un seul noctiluque. Mais, comme l'hiver précédent, le sable mouillé et l'eau des petites flaques, à marée basse, continuent à offrir, quand on les secoue, une grande quantité de points lumineux. On trouve aussi des noctiluques dans l'eau qu'on y recueille.

DATE de L'OBSERVATION.	TEMPÉRATURE de LA MER.	TEMPÉRATURE de L'AIR.	BAROMÈTRE.	VENTS.	ÉTAT DU CIEL.	ÉTAT DE LA MER.
1846.						
10 janvier	4°	2°	768mm	S.-O.	Brouillard.	Calme.
26 février	6 1/4	9	755	O.	Très-beau.	Id.
28 id.	9	13	755	O.-S.-O.	Id.	Id.
10 avril	10	14	756	O.	Id.	Id.
13 id.	9 1/4	12	754	O.	Id.	Id.
15 id.	10	14	750	O.-N.-O.	Id.	Id.
18 id.	10	13	750	N.-O.	Id.	Id.
23 id.	9 1/2	14 1/4	754	O.	Couvert.	Agitée.
28 id.	9 1/2	10	755	O.	Id.	Calme.

DEGRÉ d'obscurité de l'atmosphère au moment de l'observation.	DEGRÉ de phosphorescence de la mer.	NOMBRE DE NOCTILUQUES trouvés dans une quantité donnée d'eau de mer, ou phosphorescence étudiée en petit.
1 : 10	0	Point de noctiluques dans l'eau recueillie en mer.
8 : 10	0	Id. id.
8 : 10	0	Id. id.
0	0	Id. id.
0	0	L'eau du bocal, recueillie en mer, offre quelques rares globules lumineux. Le petit flacon de soixante grammes, rempli à diverses reprises, réussit enfin à pêcher 2 noctiluques.
4 : 10	0	2 noctiluques dans le petit flacon.
6 : 10	4 : 10	12 à 15 id. id.
6 : 10	5 : 10	12 à 15 id. id.
10	3 : 10	1 à 6 id. id.

EXPLICATION DES FIGURES.

Fig. 1. Noctiluques de grandeur naturelle, flottant à la surface de l'eau de mer à l'état de repos.

— 2. Noctiluques dispersés après une secousse imprimée au vase.

— 3. Noctiluques un peu grossis avec une bonne loupe, les uns plus petits, les autres plus grands.

Il n'y a point d'individus isolés : tous finissent par se réunir, attirés par le ménisque d'eau qui existe près du groupe principal.

— 4. Noctiluque considérablement grandi.

a. Tentacule placé au fond d'une espèce d'entonnoir, dont la paroi, 1, 1, est la plus rapprochée de l'œil du spectateur : cette paroi ou plaque, transparente comme le reste de la surface du corps, se raccorde avec cette surface.

2, 2. Paroi intérieure de cette espèce d'entonnoir, plus éloignée du spectateur.

3, 3. Partie encore plus éloignée.

4, 4. Partie plus éloignée que 3, 3.

5, 5. Enfin, paroi la plus éloignée, opposée à 1, 1; elle se trouve derrière 4, 4 et 3, 3, et se raccorde avec la surface générale.

b. Noyau central ou anneau circulaire, quelquefois plus transparent que le reste du corps, d'autres fois faiblement coloré en jaune.

c, c, c. Filets ou vaisseaux principaux partant du noyau et se ramifiant jusqu'aux extrémités. Entre les filets *c, c, c*, on en voit d'autres, *c', c', c'*, plus éloignés de l'œil du spectateur.

d, d. Masses ici peu distinctes de vacuoles ou estomacs : *d'* est une de ces cavités plus distinctes détachée. Le corps transparent de l'animal en offre quelquefois un grand nombre ; quelquefois on n'en aperçoit aucune, pas même autour de l'anneau central. Il y a lieu de penser que ces vacuoles se forment dans certaines parties du trajet des vaisseaux, dont la substance serait susceptible de dilatation.

Fig. 5. Noctiluque lumineux.

— 6. Noctiluque partiellement lumineux.

— 7. Point lumineux d'un noctiluque (grossissement de 240 diamètres). On voit que la lumière émise sur ce point se résout en un très-grand nombre d'étincelles.

PUBLICATIONS BALNÉOLOGIQUES

DU MÊME AUTEUR,

qui se vendent chez **KIESSLING** et Ce, libraires à Bruxelles et Ostende.

1° TRAITÉ PRATIQUE DES BAINS DE MER. Bruxelles 1855.

2° DU FLUX ET DU REFLUX DE LA MER. Avec cartes et planches explicatives. Bruxelles 1855.

3° DU TRAITEMENT DES MALADIES NERVEUSES PAR LES BAINS DE MER. 2e édition. Anvers 1853.

4° COMPTE-RENDU DE LA SAISON DES BAINS DE MER en 1845.

5° LES BAINS DE MER D'OSTENDE ; leurs effets physiologiques et thérapeutiques. Ostende 1843.

www.ingramcontent.com/pod-product-compliance
Ingram Content Group UK Ltd.
Pitfield, Milton Keynes, MK11 3LW, UK
UKHW022129260726
13993UKWH00003B/1324